To-Do List

To-Do List

To - Do List

To - Do List

To-Do List

To-Do List

To-Do List

To-Do List

To-Do List

To -Do List

To-Do List

To - Do List

To - Do List

To-Do List

To - Do List

To-Do List

To-Do List

To-Do List

To - Do List

To-Do List

To-Do List

To - Do List

To-Do List

To-Do List

To - Do List

To-Do List

To-Do List

To - Do List

To-Do List

To-Do List

To-Do List

To-Do List

To - Do List

To-Do List

To-Do List

To - Do List

To-Do List

To-Do List

To-Do List

To-Do List

To-Do List

To-Do List

To - Do List

To-Do List

To - Do List

To-Do List

To-Do List

To-Do List

To - Do List

To-Do List

To - Do List

To-Do List

To-Do List

To-Do List

To-Do List

To-Do List

To - Do List

To-Do List

To-Do List

To-Do List

To - Do List

To-Do List

To-Do List

To - Do List

To-Do List

To-Do List

To-Do List

To-Do List

To-Do List

To - Do List

To - Do List

To-Do List

To - Do List

To-Do List

To-Do List

To-Do List

To-Do List

To-Do List

To-Do List

To-Do List

To-Do List

To-Do List

To-Do List

To - Do List

To - Do List

To-Do List

To - Do List

To-Do List

To-Do List

To-Do List

To - Do List

To-Do List

To-Do List

To-Do List

To - Do List

To-Do List

To - Do List

To-Do List

To-Do List

To - Do List

To - Do List

To-Do List

To-Do List

To-Do List

To-Do List

To - Do List

To-Do List

To-Do List

To-Do List

To-Do List

To-Do List

To-Do List

To-Do List

To - Do List

To-Do List

To-Do List

To - Do List

To-Do List

To-Do List

To - Do List

www.ingramcontent.com/pod-product-compliance
Lightning Source LLC
Chambersburg PA
CBHW070536160726
48003CB00004B/1792